息を吸うたび、希望を吐くように
猫がつないだ命の物語

咲セリ

青土社

息を吸うたび、希望を吐くように　猫がつないだ命の物語

はじめに

生きるのが、
どこまでも、苦しいときがある。
子どもだって。
おとなになったって。
朝になるたび、
はじまる「今日」に、
負けそうになる。

だけど、その隣で、
猫たちは、いつも、
なんでもないことのように生きる。

生まれたばかりで、死にかけていた子も――
引っ越しで、置いてけぼりにされた子も――
交通事故で、下半身が麻痺した子も――

ただ、毎日、嬉しそうにごはんを食べて、
真剣にうんちをし、
たわいもないもので遊び、
しあわせそうに喉を鳴らし、
明日が来るのを、あたりまえに認めた。

猫は、
私たちに生き方を教えてくれる。

この一瞬を味わうこと。
愛する人を信じていいのだということ。
ただ生きていることが、誰かの力になること。

今日も世界は、
光り輝くだけじゃない。

だけど、この膝には猫がいる。

果てしない暗闇に落ちる日も、

おひさまみたいな命が、
あくびを、ひとつ。
ひとりじゃないよと、伝えてくれる。

Panasonic

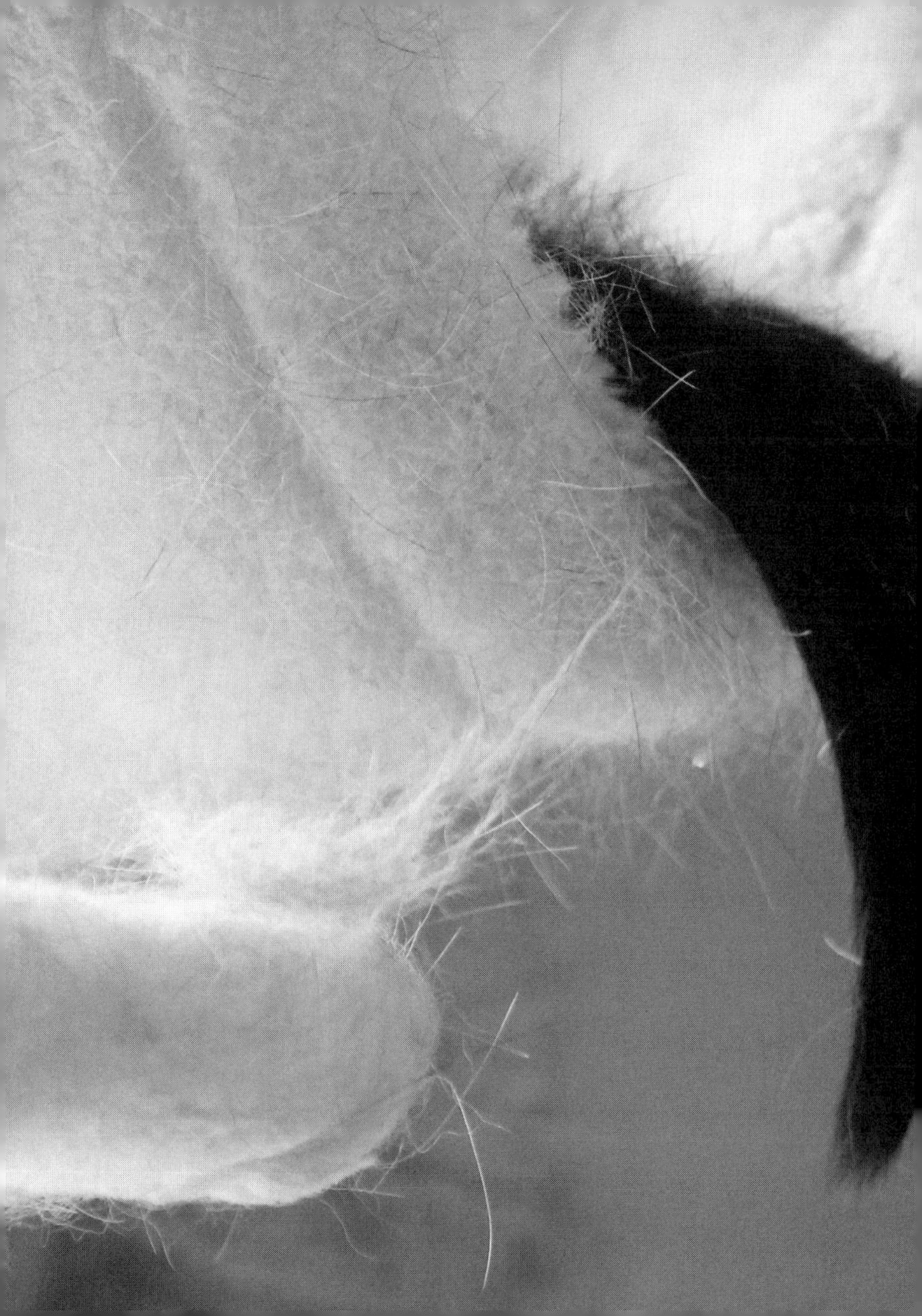

もくじ

猫のために、私たちにできること　120

第一章　生きてゆく命

どしゃぶりのＳＯＳ

「この子猫たちを迎え入れたら、あと五年は生きなきゃいけないよ」

かけていた老眼鏡を外し、夫がパソコンから私に向きなおす。

「うん……わかってる」

私も、作業をしている手を止め、夫の真剣なまなざしを見つめ返した。

生まれて間もない二匹の子猫を保護したのは、一週間前のことだった。

かつて劇団をしていた時の仲間の一人が、久しぶりに私のスマートフォンにメールをよこしたのがきっかけだった。

『家の駐車場で、骨と皮しかないようなやせた子猫が二匹、ずっとうずくまってる。こういうとき、どうしたらいいのかな』

冷たい雨の降る、肌寒い日だった。きっと雨を避けるために、車の下にもぐりこんでいたのだろう。

我が家には、その時、八匹の猫がいた。これまで、何度も猫を保護し、里親を探してきた経験から、彼のような相談をされた場合の対応策も知っている。

私は、出先のショッピングモールのトイレの中で、即座に返事を返した。

『つかまえて病院に連れて行って。ノミの駆除薬や、便検査、そういうのをお医者さんがしてくれるから。里親探しは私も手伝えるよ』

彼の返事を待つ。しばらくして彼から返ってきたのは、消極的な言葉だった。

できることならそうしたい。だけど自分は極度の猫アレルギーで、触れることが怖くてできない、と。

『どこか引き取ってくれるところはないのかな』

彼の文字が問いかける。

彼の気持ちは痛いほど伝わってきたけれど、今の時代、保護団体はどこも手一杯だ。彼の願いをかなえることはできないだろうし、実際、彼も一軒の団体に連絡をし、断られたそうだ。

悩まなかったと言えばうそになる。私たち夫婦は、その時、夏物の服を買うためにはしゃぎながら歩いていて、そこでそのままおいしいごはんでも食べて帰った方が、どれだけ楽しいことか、わかっていたから。

だけど同時に脳裏をかすめる。その子猫たちのことを忘れて、遊んで、私は、後悔しないのだろうか。ごはんの味はするのだろうか。

トイレから出た私は、長かった私のトイレにお腹を壊したのじゃないかと心配する夫に事情を話した。

夫は考え込むような顔をし、それからふたりで、あてもなくモール内をうろついた。流行りの服も、おいしそうなパスタも目に入ってこない。一歩踏み出すごとに、絨毯に沈んだ足は重くなり、浮かれた周りの空気の中、さっきまでの元気がしぼんでいく。

夫も同じだったのだろう。私たちは、どちらからともなく、駐車場に足を向けた。そして、「あー、もう、しかたないよね、うん、しかたない」と、今日の予定を手放し、車を元劇団員の彼の家へと発進させた。

フロントガラスを激しく雨が叩く。こんな中、小さな子猫たちが震えているのか――心がぎゅうとなる。

途中、里親が見つかるまでの間、猫を預かってくれる人を探すため、私は、動物好きで顔も広い年下の友人にもメールをした。ありがたいことに、あてはあるという。

途中、その友人のもとに立ち寄り、彼女と一緒に、子猫のいる家の駐車場に向かった。

うつら、うつら

子猫たちの捕獲は、思っていた以上に手こずった。

たどり着いたときには、もう日も暮れ、あたりが見えない。

そんな中、すばしこく走り出して逃げようとする黒いかたまりを友人が溝に追いこみ、むんずとつかむ。弱っていたのだろう。暴れることなく、一匹目の子猫は猫用キャリーケースにすんなり入れることができた。

二匹目は、ところが、えらく苦戦した。路上に停めた私たちの車の下にもぐりこんでしまい、そのまま車の内側まで入ってしまったのだ。

猫の鳴きまねをしておびき寄せようとするけれど、反応はない。どこからか雷鳴が迫る。かき消されないように、私たちは「にゃあにゃあ」と声をかけ続けた。

地面はぬかるみでどろどろ。だけど傘もささずに、うずくまって覗き込む。途中、何度も、車がその道を通ろうとし、そのたび、頭を下げ、別の道へと促した。

車の内側を、懐中電灯で照らす。そこにいることはわかるのだけど、出てくる気配がない。

「どうしよう……」

途方に暮れていた時、彼女が妙案を出した。捕まえた方の子猫が入ったキャリーをそばに置き、その子の声を聞かせてはどうかと。

そんなに都合よく鳴いてくれるかと心配したけれど、はたして子猫は必死で助けを求めるように声をあげた。

「ひゃー」

かすれた声でキャリーの中の子猫が鳴く。

すると、車の下からも、か細い「みゃー」が返ってきた。

「ひゃー」

「みゃー」

「ひゃー」

「みゃー」

何度もそれを繰り返し、やがて、誘われるようにして、車の下からもう一匹がおそるおそる出てきてくれた。むんず。

どれくらいの時間が過ぎていたのだろう。なんとか無事二匹ともキャリーに入れることができた。気が付くと、元劇団員の娘さんまで、何事かと出て来ていた。

私たちは、ろくにあいさつもできないまま、動物病院へと車を走らせた。向かう途中、彼女が持参してきた猫用缶詰をキャリーに入れてくれた。車の下にもぐりこんでいた子猫は、暗がりの中、一心不乱に食べているという。ずいぶんとお腹が空いていたらしい。

ただ、もう一匹が食べる様子もなく、ぐったりしているのだと、後部座席のキャリーの隣に座る彼女は表情を曇らせた。

雨がますます激しくフロントガラスを叩く。私たちは、急いで車を走らせた。

生きて——。

声に出さず祈る。

もう十数年来にもなる馴染みの動物病院にたどり着く頃には、うそのように雨もやみ、西の空にぼやけた半月が浮かんでいた。閉院時間はとっくに過ぎていたが、事前に電話をしておいたので、先生は待ってくれていた。

ぽつんと控えめに灯ったあかりが、吹雪の中、ようやくみつけた山小屋のように私たちをほっとさせる。

キャリーから子猫たちを出し、ようやく明るい診察室で、二匹を見る。目やにと鼻水で、顔はぐちゃぐちゃ。毛は抜けてしまったのかほとんどなく、ぽさぽさの細い毛が、ところどころに申し訳程度に生えていた。

月齢は二か月に近いだろうということだけど、体重は四百グラム。まだ一か月足らずというほど痩せている。性別は両方がオス。

先生は、丁寧に目や耳、体中を診ていった。子猫たちの体はノミだらけで、診察中も、ごまくらいあるノミが、かけっこをするように子猫のお腹を何匹も走り抜ける。

「ひゃっ」

思わず、のけぞってしまった。

相当血も吸われ、衰弱していると思われた。先生は慣れた手つきで、ノミ駆除剤を投与し、寄生虫の薬を飲ませる。

点滴の針を刺しながら、先生が言った。

「あと一日遅かったら、生きていなかったかもしれません……」

駆けつけてよかった、メールをくれてよかったと、何かは分からないめぐりあわせに感謝したくなる。

ウィルス性の猫風邪の症状も出ていたので、目薬を家で一日数回さすことになった。

里親を探すのは、猫エイズや猫白血病のウィルス検査ができるようになる二週間後になる。

子猫たちは、それまで預かることとして、結局、我が家に来ることになった。想定していた預かり主さんにも事情があり、すぐには難しいとの判断に至ったのだ。

会計をすませると、先生は「これを……」と遠慮がちに子猫用缶詰をお土産に持たせてくれた。心の内側にも、ほんわかとした灯りがともる。

家に帰りつくと、二匹一緒に、用意したケージの中に入ってもらった。

突然の知らない場所。

母猫もいない。

「外に出せ」と騒いだり、シャーシャーと威嚇したりするかと思いきや、兄弟一緒だと安心するのか、周りも目に入らないほど缶詰のごはんに食いついた。

ぐったりしていた方の猫も、ようやく空腹を思い出したのか、お皿に顔をつっこんではぐはぐはぐと顔を汚している。

「よかった、食べる……」

腰が抜けたように、私はその場にへたりこんだ。

「怖かったんだよ、きっと」

夫が目を細め、子猫たちを見守る。

ぐったりしていた方の猫は、炭のような黒猫。目は小さく、耳は大きく、体はあばらが浮くほど痩せている。

元気な方は、白黒のブチ猫で、鼻のところにヒゲのような模様がある。

無心にごはんを食べる猫のおしりに、夫と二人、ようやく安堵のため息がもれた。

食べ終わると、「まだどこかに残ってないか」とお皿の下を探している。あげたいけれど、あまり食べ過ぎると、お腹を壊してしまう。胸が張り裂けそうな思いでおかわりは入れずにいると、あきらめたのか、小さな手で自分の顔を不器用に洗いはじめた。そして、ようやく落ち着いたように、うつらうつらと、体をゆする。

私たちも子猫たちも、疲れ果てて、その日は泥のように眠った。

亡くした猫、やってきた猫

翌朝目覚めると、「おはよう」を言うのも忘れて、私と夫は、ケージの中を覗き込んだ。

幸い、子猫たちは調子を崩すことなく、すーすーと柔らかな寝息をたてている。お腹がわずかに上下するのを、しん、と、みつめた。

ガリガリの、だけど必死で生きようとする命のかたまり――。

見つめているだけで、自然と眉尻が下がる。何時間でもこうしていられそうな気がした。

しばらくすると、ブチ猫の方が目を覚ました。私たちの存在に気づき、「みゃー」と、聞こえないくらい小さな声で鳴く。すると、黒猫の方も体を起こし、二匹そろって鳴き始めた。きっとお腹が空いたのだろう。

ケージから出すと、子猫たちは迷うことなく、私たちの膝に乗ってきた。小さな声で鳴きながら、胸元によじのぼろうとしてくる。

私たちがどういう人間か何も知らないのに。

悪いことをするかもしれないのに。

それなのに、どうして、こんなにもひたむきに体をゆだねてくれるのだろう。

今日は、ドライフードをあげてみると、はっはっと、声にならない声を出しながら、夢中で食べ始めた。小さな口から、小粒のドライフードがポロポロこぼれる。長く飢えていたせいか、口に入れるスピードに飲み込むスピードが間に合わない。

一夜明けてよく見ると、黒い方の猫は、ずいぶん前に亡くした長男猫にとても似ていた。保護したばかりの時、風邪の症状でめやにが出ていたところ。同じようにやせていたところ――。

私と夫、お互い、言葉にしなくても、目の前の黒猫にどこか言葉にできない愛着を抱いていることはわかった。生まれ変わりだとかセンチメンタルなことを信じるまではできないけれど、何かの縁とくらい感じてもいいんじゃないかと。

そして、ほんの少し、よぎっていた思いも。

「家族にできたら――」と。

ちょうど二か月前、私たちは、愛猫を亡くしたばかりだった。そのさみしさもあったのだと思う。

だけど――と考え直す。黒猫だけ家の子にして、ブチ猫は里親を探すのは、不公平じゃないか。

里親探しは簡単ではない。本当に信頼できる人と巡り合うまで、あちこちにポスターを貼り、インターネットで募集をかけ、実際に面会してもらっても空振りに終わることも多々ある。信じて渡したものの、こちらが安心できる飼い方をしてくれない人も、少なからず、いる。

そんなハードルを、長男猫とは似ていないという理由だけで選ばれなかったブチ猫だけに課すことは、絶対にしたくなかった。

何より、子猫兄弟は、すごく仲がよかった。

起きてるときは、ずっとじゃれあって遊び、別々のお皿にごはんを入れても、なぜか同じお皿から分け合うようにして食べる。そして眠るときは、ぴったりと折り重なって、抱き合って暖を取った。

引き離すことはできない――。

日がたつほどに、その思いは強くなっていった。

じゃあ、二匹、両方、うちで飼うのか――。


答えを出せないまま、私たちは、その日も仕事をするため、子猫を残し、二階の仕事部屋に行った。お互い、言葉少なにパソコンに向き合う。

その間も、あちらこちらで、先住猫たちがそれぞれに新しくやってきた小さな生き物を気にしている。こわがって、ロフトまで逃げてしまう子、ケージの近くをうろうろしては、子猫が動くたび、ぴょんっと飛びのく子。いつもどおり、何の変化もなくベッドであくびを噛み殺している子。

今、すでに八匹、猫がいる我が家。ここ二年で二匹亡くなったので、元に戻るだけだとも思えるけれど、十匹は少ない数じゃない。ちゃんと世話は行き届かせれるのか。何より――

頭の中がウニみたいにぐちゃぐちゃになったとき、夫が言ったのが、冒頭のセリフである。

「この子猫たちを迎え入れたら、あと五年は生きなきゃいけないよ」

猫と暮らす資格

四十一歳の私と、四十六歳の夫。けっして今から新しい子猫を飼うのに歳をとりすぎているということはないだろう。

だけど、私たちには、その資格は極めて乏しかった。

私たち夫婦は、この人生を「生きたい」と思える人間ではなかったのだ。

私は、思春期の頃からこころの病にかかり、自分が生きていていい人間なのだと思えず、何度も命を投げ出そうとしたことがある。

夫は、かつては健全な人だった。だけど、私と一緒になって、私が「生きるのがつらい」と繰り返すたびに、疲れはて、同じように「消えたい気持ち」を持つようになった。

そんなふたりを、かろうじてこの世につなぎとめているのが猫だった。

今いる八匹のうち一番年下の猫で五歳。この子を看取るまで、長くて十五年くらい。

それまでは生きよう。

みんなを看取ったら、その時は——もう、いつ逝ってもいい。

夫は、ことあるごとに、その言葉を繰り返していた。

それが、五年、延びる——。

実をいうと、私は、それが心の奥では嬉しかった。

長い間、こころの病で生きることが苦しかった私は、病気が回復するにつれ、だんだんと、「生きたい」と思えるようになった。毎日の食事を味わったり、たまの外出を楽しんだり、そんなふうに、これから先も人生を重ねていければと、夫と生きる未来を想像できるようになった。

だけど、そのたび、わずかな後ろめたさがつきまとう。夫は、私のせいで生きづらくなってしまった。「もっと、二人で生きたい」だなんて、どうして言えるだろう。

だから、ずっと、その言葉を飲み込んできた。

それが、子猫のおかげで、少し延びる。

私は、押し付けがましくならないよう気を付けながら、夫に今の気持ちを尋ねた。すると、思いがけず、夫の口から「うちの子にしようか」という言葉が出た。

夫は、覚悟を決めた風に、もう一度繰り返した。

「うちなら二匹を引き離さずにすむ。どんな飼われ方をするかわからないところに里子に出すより、夫婦ふたりが在宅ワークで、ずっと見ていられる我が家の方が、ケアもできるんじゃないかな」

飛び跳ねそうなほど心が躍ったけど、神妙な顔をして私はうなずいた。

息をするたび、希望を吐く

その夜、ふたりで子猫の名前を考えた。

ブチ猫の方は、活発で、とにかくごはんをよく食べる。好奇心旺盛で、考える前に体が動いているといったタイプ。ピンと張ったひげで、いつも何か新しいことはないかと探し、生き生きと、少し斜視がかった目を輝かせている。すぐにケージのよじ登り方も編み出し、二階部分にたどりつくことができたのも、ブチ猫だ。

黒猫の方は、どこか不思議な子だった。ブチ猫よりおっとりしてはいるのだけど、それだけでは説明が難しい。

引っ込み思案なタイプに見えるのに、ふと目を離すと、変わった遊びに夢中になっている。普通なら、箱の中のティッシュを取り出すことが子猫のオーソドックスないたずらだけど、その子は、ティッシュを押し込んで楽しんでいるのだ。

そして、黒猫は、いつもブチ猫のあとをちょこちょこと付いて回る。動くしっぽが面白いらしく、ちょっかいをかけては、やがてとっくみあいに発展し、いつも黒猫が負ける。

遊び疲れて、一匹が私の膝に乗ると、張り合うように、もう一匹も膝によじのぼる。その部分だけが、熱があるのじゃないかと心配になるくらいに、じんわりとぬくもって、ゴロゴロと息の合った2重奏が聴こえてくる。

野良猫だった時には怖い思いもしただろうに、私に体をゆだね、ぽんぽんに膨らんだお腹を見せる小さな生き物。

ほっとして、せつないほどしあわせで、「目の前で生きている」ということが、たまらなく愛しくなる。

子猫が寝心地がいいように身動きせずに、私たちは名前について話し合った。黒猫の方は、ずっと昔に亡くなった長男猫が「ピー」だったから「ピー」がいいのではないか、とか、ブチには鼻に模様があるから、やっぱりお約束の「ヒゲ」ではないかとか。

しまいにはインターネットの姓名判断まで見て、頭を悩ませた。だけど、ぴん

とくる名前が、まったく思い浮かばない。

きっと自分たちにとって最後の子になるだろう猫たち。そうなると、逆に第一子を授かった夫婦のように、慎重になった。

「猫がみんな死んだら自分たちも死のう」だなんて考えていた私たちが、生きていくことしか考えていない命のために、頭から湯気が出るほど悩む不思議。

そんなとき、ふいに夫が言った。

「ゼンとイツは？」

理由がわからず、私は首をかしげる。

夫が言うには、「全一（ぜんいつ）」という言葉が、あるらしい。

これは、「完全にひとつにまとまっていること」を指すそうで、だんごのようになって眠る兄弟猫になんだか当てはまるんじゃないかと夫は説明した。

そして、もしかしたら、どちらが死んでいたとしても不思議ではなかったかもしれない命。もうこれから、何があっても離れず長生きできるようにと、私もその思いに共感した。

「それいい!それにしよう」

ブチ猫の頭をなでて、呼びかける。

「全」

黒猫のお腹をくすぐり、言う。

「一」

名前が決まると、さらに愛しさは何倍にもなった。

そして、私たちの命も、少なくともあと五年延びた。


その日から、全と一という家族のいる毎日がはじまった。

朝、目が覚めると、夫が全と一のごはんの用意をし、その間に、私は風邪気味の二匹に目薬をさす。

うつの波がやってきて「生きていたくない」と夜通し眠れず泣き続けた翌朝にも必ずさす。

そして、二匹が、思わずうがうがと声をあげながら、無心にごはんにがっつく

姿を、夫婦二人、同じように膝を抱えて眺める。

全がうんちをすると、一も負けずにトイレに入り、「どうだ、立派なもんだろう」と誇らしげに砂をかく愛らしいしぐさ。

握りしめるとつぶれてしまいそうなほど、軽く、もろいかたまり。

家じゅうを走り回っていたかと思ったら、電池が切れたようにパタンと倒れ、しだいに閉じてくる無防備なまぶた。

日に日に重くなっていく体重。

一人前に嫌がるようになった目薬。

息を吸うたび、希望を吐いているような、無限の存在——。

死ぬはずだったかもしれない命が、死なずにすんで、ここにいる。それだけでも奇跡のようなことなのに、ほんのちょっとの偶然でからまりあった糸は、別の命を、生きる方向に傾けた。「私たち」という命に、生きる希望を与えてくれた。

命は、ただ生きているだけで、誰かの「生きる」の背中を押すことができるのかもしれない。

私たち夫婦は、人間の子どもは作らなかった。

私は複雑な家庭に育っていて、自分が愛を感じられなかった分、子を愛する自信がなかった。虐待してしまうのではないかと怖かった。

だけど、何も恐れることなく寝息をたてる二匹を見ていたら、だんだんと私の心は変わってきた。

虐待とは相反する感情がこみあげてくる。

——守りたい。

この子たちの一生が、毎日が、優しいものになるように、私の持つ力すべてを注ぎ、包みたい。

「完全」という名の、ひとかたまりで遊ぶ全と一を眺めながら、ずっと、生きづらさという「不完全」な自分を持て余していた私たちの心に、あたたかなものが広がってゆくのを感じた。

第二章　しあわせの記憶

ほんのちょっと、長いうたたね

「人生、何が起こるか、わからないよね」

体も一回り大きくなって、ケージから出てリビングを、縦横無尽に走り回る全と一を見て、夫に話しかける。

「うん。まさか、今更、子猫を迎え入れるなんてなあ」

全も一も、まさか、自分が家の猫になるなんて思っていなかっただろう。あのまま、外で暮らしていたら、はたして今、生きていただろうか。

今日も、おもちゃのボールを追いかけては、持ってきて、投げろと要求する。ゴミバコの中にダイブして、中の丸めたティッシュペーパーを散らかしては転がす。料理をしている私の背中に、どこからともなくジャンプで上り、肩の上で小麦粉をつけたささみに手を伸ばす。二匹は、もてあますほどに元気いっぱいだった。

あんなに土砂降り続きだった雨がやみ、朝から幼いセミたちが大合唱を奏でていた。各地で例年より遅い梅雨明け宣言が出され、いよいよ夏が来る。

日差しに照らされ早起きをしてしまった私たちは、全と一に奪われないように、片手でガードしながらパンをかじる。「おいしいね」と笑いながらも、ふたりとも、全と一が元気であればあるほど、言葉にせずにあるできごとに思いをはせていた。

何が起こるかわからないこと――それは、あの日の猫の死だ。

全と一が来る二か月前。我が家で一匹の猫が急逝した。

「まめ」という名前の、小柄で手足が短く、顔が黒豆のように楕円形の黒猫だった。

亡くなったその日、朝までまめは元気だった。みんなの缶詰隊長だったまめは、時間になると、夫をキッチンまで誘導し、「モーン」と独特の鳴き声で鳴いた。その声に、あちこちから猫たちが集まってくる。

お皿に取り分けてあげると、まめはうれしそうにがっついて食べ、自分の分がなくなると、他の子のお皿にまで顔をつっこんでは、奪っていた。皆の食べ残しを、余すことなくなめてまわり、満足したように顔を洗う。

元気だったのだ。本当に。

だけど、「そろそろ私たちも昼ごはんにしようか」というくらいになって、まめが、二階で聞いたこともない声で鳴いた。不思議に思い、まず、夫がかけつけた。

「まめ？ まめ！」

夫が声をあげる。ただ事ではない夫の声に、私はつけたばかりのガスコンロの火を消し、慌てて駆け上がった。

そこには、ぐったりと横たわり、うんちとおしっこをもらした、まめがいた。

「まめ、どうしたの……？」

わけがわからなかった。

まめは、くうを見るように、倒れたまま目を見開き、小さくけいれんを繰り返していた。

「まめ……」

うずくまって、のぞきこむ。何度も猫を看取った経験から、それが最期の時だということは、受け入れがたいけれどわかった。

私と夫は、滴り落ちる涙をぬぐいもせず、まめを優しくなで、その体に声をかけつづけた。

「まめ、大好きだよ……」

「大丈夫だよ……」

「ここにいるよ……」

優しい言葉だけを繰り返す。まめが不安にならないように。

「ごめんね」は、絶対に言うまいと決めていた。

まめの耳に届いただろうか。

数分も経つと、まめは、一瞬息を吸い込み、そのまま、しずかに動かなくなった。

「まめ……」

涙と鼻水で息ができない。まめがもう動かないと知りながらも、なで続ける手を止めることができなかった。

どれくらいの時間が過ぎたのだろう。やがて、少しずつ、このままじゃだめだという思いが心の奥に生まれた。涙でぐちゃぐちゃの顔をふたりで見合わせ、どちらからでもなくうなずきあう。

夫は、まめの体が傷まないよう、保冷剤を取ってきて、タオルをかぶせたそこに、まめを横たわらせた。

「冷たいね……、でも、外はちょっと暑いから、ちょうどいいかな……」

自分に言い聞かせるように語りかける。

まめの目は安らかに閉じ、ひだまりの中で、まるで、ほんのちょっとうたたねをしているだけのように見えた。

ぬいぐるみのようなふかふかの手を、二人で握る。

まだかすかにぬくもりがある。

もう二度と起きないなんて信じられなかった。

ほかの猫たちが、遠巻きにみつめていた。猫たちにはなぜかわかるのだろう。

それ以上、近づいてくることはなかった。

「まめ、しあわせでいてくれたかな……」

誰にでもなく、私がつぶやく。

夫が涙で唇を濡らしながら、何度も何度もうなずいた。

家族になる運命

まめは、もともと隣の家が飼っていた猫だった。

我が家の玄関の窓から隣の家のリビングが望め、時折、窓辺でこちらを見ているまめを、私は、ほほえましい気持ちで眺めていた。

だけど、ある時から、まめはひもにつながれて、外に出されるようになった。よく見ると、リビングの障子に穴が開いている。猫のいたずらに手を焼いた飼い主が、そうすることを決めたのかもしれない。

私は、かわいそうに思いつつ、よそ様の家のことだから、と、声をかけることをためらった。まめは、腰を下ろしたままの姿勢で、学校の生徒が立たされるように、微動だにせずガレージにいた。

ところが、それから一か月くらいたったある日、隣の人が引越しをした。業者が大きな荷物を運び出し、車に乗った飼い主が、家を出ていく。

だけど、まめは、つながれなくなったものの、変わらず、その家のガレージに

取り残された。ガレージの隅には、赤い色をした安そうなキャットフードの大袋が置かれていた。まめが、なんとかして食べようとしたのだろう。袋は、無理やり引き裂いたような穴が開き、そこから小粒のフードが散らばっていた。

最初は、様子をうかがった。近いうちに、飼い主が迎えに来てくれると信じていた。だけど、一日が過ぎ、二日が過ぎ、一週間が過ぎても、誰も現れることはなかった。

もう耐えられなかった。他人の猫だからだなんて関係ない。まめは置いてけぼりにされたのだ。こんなに信じている飼い主に。

話し合う必要もなかった。私たち夫婦は、まめの保護を決意した。

人慣れしていたのか、それとも、よほど人恋しかったのか、まめは、抱き上げると嫌がることもなく、私たちに体をあずけた。

まずは病院に連れていった。まだ三歳くらいだろうという。不妊手術もされておらず、栄養状態はひどく悪かった。

「まずは元気になってもらおう。里親をみつけるのは、それからだ」

フォルムが豆のようだったから「まめ」。名前はすぐに決まった。まめの食欲はすごく、だけど、どれだけ食べても小柄な猫だった。小さいうちに栄養が足りていなかったのかもしれない。

しかも、外にいる間にカエルでも食べたのか、お腹には寄生虫がいて、うんちからは、きしめんのような二メートルほどある長い虫が出てきて、私たちを驚かせた。

幸運なことに、インターネットで探していた里親は、すぐみつかった。

我が家にお見合いにきてくれた里親志望さんは、まだ若く、パステルカラーのかわいらしい服が似合う穏やかな女性だった。隣で、生真面目そうな恋人が物静かに見守っている。

彼女もこころの病を患っていて、私と、何かにつけては「猫に生きる力をもらっている」と話が弾んだ。共通点があることが私を安心させた。

すでに彼女の家には一匹猫がいるということで、猫への扱いも信頼できた。そこで、まめは、その家の子になることになった。

ところが、まめを連れて行った日の深夜、私のスマートフォンが何度も鳴った。まぶたをこすりながらとると、里親さんからで、まめが、ずっと大きな声で鳴き続けているのだという。

もしかしたら、家に帰りたいのではないか――こころの病を抱える彼女は、必要以上に取り乱し、優しい分、猫の気持ちを考えて胸を痛めていた。

私も夫も、まめに情が移っていた。そんなにも新しい家が嫌なら、いっそ、うちで飼おう。

「しかたがないね」と口では言いながら、私たちは二人とも、どこかほっとしていた。

そして、翌日、まめを引き取りに行った。

ゆるしてくれた

うちに戻ってきたまめは、安心するかと思いきや、やっぱり、一日中、鳴き続けた。朝も昼も夜もずっと。

それは、「外に出して」「おうちに帰らせて」と言っているように聞こえて、私たちの心を苦しくさせた。

だけど、もう、昔の飼い主はいない。帰れる家はない。どうそれを教えてあげればいいのか、まめに安心を与えられないことが、歯がゆく、やるせなかった。

夫は、そんなまめを、日がな一日、根気強くなで続けた。

「まめ。まめのおうちは、ここなんだよ。ここで一生暮らすんだよ。俺たちはどこにもいかないよ」

悲しいくらい真剣な表情で、ゆっくりと、まめに繰り返す。

まめが鳴いたら、すぐに駆け付け、寄り添った。

何をするでなく、ただ、そばにいる。

そうすることしかできなかった。

それでも、まめは、せつなくなるほど懸命に、窓の外に向かって鳴いた。

一生このままかもしれない――。

無理に家にいさせることが、まめにとっていいことなのか、考えた。なんとしてでも前の飼い主を探して、まめを託した方がいいのか。だけど、置き去りにするような人に、もうまめを渡したくない。

私たちは、まめにとってのしあわせが何か、毎日、悩んだ。

ところが、半年が過ぎたころだろうか。まめは、しだいに鳴くことをやめた。

自分から、そうっと近づいて、遠慮がちに私たちの足にすり寄った。

夫のことを、子猫にそうするように、毛づくろいするようになった。

まめは、許してくれたのかもしれない。

前の飼い主が自分を置き去りにしたこと。

私たちが、まめの新しい飼い主になることを。

その頃から、まめは、我が家で「おっかさん」と呼ばれるようになった。人一倍、いや、猫一倍、他の子のお世話をするのが上手な子だったのだ。我が家に新しい猫が来るたび、毛づくろいをし、安全な場所を教え、缶詰を与え（ているのは私たちなのだけど）、寄り添った。

新しい猫が、ぱたんぱたんと揺らすまめのしっぽに噛みついても受け入れた。だけど、行き過ぎると、「にゃ！」と鳴いて、叱った。怒り方もタイミングがうまく、舐め方も、猫はザラザラの舌のはずなのにちっとも痛くなかった。

新しい猫だけじゃない。それまでいた先住猫たちとも仲良くなるのは早かった。うちの先住猫たちは、わりとクールで、お互いが距離を取って眠ることが多かった。だけど、まめが来てからは、不思議なことに、まるでまめが接着剤になったかのように、ぴったりとくっつき猫団子になった。勾玉のようになって、それぞれがそれぞれを舐め、猫特有の魚っぽいにおいが、あたりに充満する。

冬場はベッドが猫だらけで、眠る場所がないと、私たちは文句を言っては笑った。

最初は、やっぱり人間と少し距離のあったたまめだけど、年齢を重ねていくにつれ穏やかになり、昔は極端に嫌がっていた爪切りも、嫌々ながらおとなしくさせてくれるようになった。病気らしい病気もせず、定期健診と不妊手術以外では、病院に行くこともなかった。

手足の短かったたまめは、階段を上り下りするのがへたくそで、ひょこたん、ひょこたんと、不器用に進む姿は、私たちの笑いを誘った。スコティッシュのような、壁にもたれて足を投げ出す座り方をし、「おっさん座り」と、毎日書いていたブログでも人気者だった。

こんな笑顔の日々が、ずっと続くと思っていた。

だけど、約束された未来なんてなかった。

当たり前が消える日

葬儀の日、葬儀屋さんが来る前に、まめを抱いて、家じゅうを回った。一歩、一歩、たしかめさせるように、まめを運ぶ。

一部屋開けるごとに、私たちは、まめに話しかけた。

「ここはリビングだね。よくここで、おもちゃで遊んだね」

カチャ――

「ここは、キッチンだね。まめの好きな缶詰をもらえたね」

カチャ――

「ここは寝室だね。みんなと一緒に眠ったね」

カチャ――

「ここは仕事部屋だね。まめは退屈そうだったね」

カチャ――

「ここはお風呂だね。入れられて怒ったね」

カチャ――

「ここは廊下だね。お日様が入ると、ひなたぼっこをしたね」

カチャ――

「ここは……」

言いながら、涙があふれてくる。いやだ。いやだ。いやだ。

「もっと一緒に、いろんな部屋で過ごしたかったね。もっと一緒に……」

抱きしめるまめの体がぬれていく。私たちは泣きながら、「ごめんね」と、手のひらでそれをぬぐった。

時間が来て、葬儀屋さんがチャイムをならした。

ドアを開けると、マスク姿の年配の葬儀屋さんが、神妙な面持ちで「このたびは……」と頭を下げる。

火葬をしてもらうまえに、書類を書くことになった。彼は胸ポケットに入ったボールペンを渡そうとして、はたと止まる。

「私の持っていたもので、大丈夫ですか?」

意味が分からず問うと、流行っている新型コロナウィルスのことで、気にするのではないかと思ったそうだ。

まめを亡くしてそれどころではなかったけれど、巷では新型コロナウィルスが流行っていた。たくさんの人が感染し、たくさんの人が死んだ。

一か月前は、こんな未来、想像もしなかった。

コロナも、まめも——。

当たり前だと思っていたことが、当たり前ではなくなる。

それが生きるということなのだと、いまさらかみしめた。

生きているものは、かならず死ぬ。

そんな自然すぎる悲しい決まりが、生きることに精一杯で、そして、日々は満たされていて、すっかり頭から抜け落ちていた。

こころの病を患う私が、今、生きている。それだって、当たり前ではなく、奇跡の積み重ねなのに。

まめは、真っ白なお骨になった。

それでも、私は、まめがもういないなんて信じられなかった。

それだけ、まめは、いつもそばにいるのが当然のように、自由に、気ままに、この家のどこかで息をしていた。

どんな猫が来ても、変わらずお世話をした。

雨の日も晴れの日も、短い手足を伸ばしてくつろいだ。

だから、私は勝手に、まめは「大丈夫」だと思っていた。

——何が、「大丈夫」なんだ?

ほんのちょっと目を離したすきに、神様は、それを見逃さず、私に「生きているという特別なこと」をわからせる。

まめの命が、他の子の命を、もっと大切にさせる。

やっぱり、まめは、最後まで「おっかさん」だった。

やがて日常になってゆく

それから二か月が過ぎ——

やがて、何もかもが日常になっていった。

マスクをつけなければ外出できないこの国も。

まめのいない、猫たちの空いたベッドも。


今も缶詰を取り出すと、まめを思い出す。

他の猫たちはみんな、まめが亡くなってからはいつキッチンに行けばいいのか戸惑い、缶詰タイムをことごとく逃していた。

それが、今ではようやく誰かが——決まった子じゃない誰かが——その指揮を執る。

まめの役割を、みんなが担っている。

全と一という新しい子猫が来た時も、まず思った。

まめがいたら、きっと、上手にお世話をしてくれただろう、と。

まめがいたら。

まめがいたら。

まめがいたら――。

全と一のために、子猫用の缶詰をパカッと開けると、短い脚で、ひょこたん、ひょこたんと、慌てて階段を駆け下りてくるまめが見える。

「これは、子猫用だからだめ」

そんな会話を交わす姿が見える。

いつもは、おっかさんなのに、その時ばかりは、小さな子どものように、「モーン」と、かわいい声でねだるまめが見える。

そして、どの猫にも――、まめが育てた沢山の猫たちみんなの中に、まめはいて、これからも、いつまでも、甘え続けてくれればいいと願う。

第三章　「ふつう」って何？

それでも「生きたい」

しばらくは、「危ないから」とリビングしか入らせていなかった、全と一。そろそろ家にも慣れていい頃だと、部屋を開放することにした。その中の一つに、和室――猫を保護した時に入れる「保護部屋」があった。

保護部屋には、一匹の黒猫が、そこを安心できる自分の住処にしていた。二年ほど前に来た「イレーネ」だ。

もしかしたら、全と一の母猫が黒猫だったのかもしれない。和室に入り、イレーネを見るなり、ふたりははっと気づいたように、聞いたこともないほど大きな鳴き声をあげた。ほとんど体当たりで、ふたりはイレーネに突進する。だけど、イレーネは、突然の小さな生き物に、驚いて威嚇をしたあと、気分を害したのか、キャットタワーの高いところに上ってしまった。

「イレーネ」は、ギリシャ語で「平和」を意味する言葉なのだそうだ。といっても、私たち夫婦がつけた名前ではない。

イレーネが我が家に来たのは突然のことだった。前の飼い主さんが高齢で亡くなってしまい、知り合いの保護団体さんが里親募集をしていたのをみつけたのがきっかけだった。

募集していた猫は、全部で六匹。いずれも健康な成猫の中、イレーネだけは違った。

過去に交通事故に遭ったそうで、膀胱が麻痺した猫だという。日常生活は送れるけれど、おしっこは、膀胱を押して出させてあげる「圧迫排尿」が必要なのだそうだ。

保護団体さんのホームページでは、一時預かりをしてもらっている動物病院のケージのすみっこで、怯えたように開いた瞳孔で、カメラに視線を向けるイレーネの姿があった。突然のことに、不安と恐怖が入り混じったその思いが、我がことのようにシンクロする。一体、これからどうなってしまうのだろう。そんな戸惑いが流れ込んでくる。

「この子を、家族にできたら……」

言い出したのは私だった。

きっと、健康な猫には里親さんが現れるだろう。だけど、簡単にお世話をできないだろうこの子は、残されてしまうかもしれない。それなら、一日も早く名乗りを上げ、病院から我が家に迎えてあげたい。圧迫排尿はそれから覚えればいい。

良い考えだと思ったけど、夫は反対した。

当時、我が家の猫は九匹。このうえ、イレーネまで入ったら大台に乗ってしまう。

そもそも、そんな大変な猫をお世話する余裕なんて、本当はどこにもなかった。私たちは、その頃から、すでに、いつか来る猫全員の死と、自分たちの死ぬ時を重ねあわせていた。それなのに、このうえ、新しい命——それも、ハンデのある——を背負うには荷が重すぎる。夫の言い分はもっともだった。

それでも私は諦めきれず、言うことを聞かずに、強行した。

イレーネの、あの目が、どうしても忘れられなかった。

保護団体の女性は、私たちの事情を知らないまま、とても喜び快諾してくれた。

私は、自分の選んだ道が間違ってなかったのだと、自己満足で安心した。

けれど、調べていくうちに、私の中で、数々の不安が山のように重なっていった。

インターネットを見ると、圧迫排尿に失敗したら、膀胱が破裂する恐れがあるという。おしっこを誤って逆流させてしまっても命に係わる。

——背筋が凍った。

普段は、あんなにも「自分の死」を「平気」と言うくせに、私は「猫の死」が震えるほど怖かった。

唯一、私に、「生」を大切に感じさせる——。生きてほしい、失くしたくないと思わせてくれるのが、「猫」だったからだろう。

とはいえ、もう我が家に来ることは決まっている。後戻りはできない。それなら、悪いことばかり想像せず、イレーネの心を穏やかにする方法を考えようと思った。まめが我が家に来た時のように——。

私は、これから人生をともにすると決めたイレーネという猫のことを、ぼんやりと考えた。

膀胱が麻痺し、自分ではおしっこができないというイレーネは、毎日どんな思いなんだろう。自分の気持ちとは関係なくつかまえられ、自然とは言えない圧迫排尿をさせられるのは。

食事、排せつ、睡眠。生きていれば当たり前のこと。だけど、イレーネは、そのうちのひとつが自分ではできない。

自然に生きたいだろう猫が、人の力を借りて生きるということ。

私が同じ立場になったら、と想像する。

それでも「生きていたい」と言えるだろうか。

思い出すのは、私がひどいうつ状態になってしまった時のことだ。ベッドから起き上がれず、食事もできず、お風呂にも入れない。汚い体を夫に拭いてもらい、這いつくばるような気持ちで、なんとか毎日を乗り越えた。あの時、「いっそ死にたい」と弱音を吐いたんじゃなかったか――。

障がいを持ちながらも生きること。それは、時に、そんな自分に絶望するほど、苦しく、歯がゆい。

こころを病む私は、その気持ちを知っている。

そして、だから、わかる。

それでも、「体」は、心とは裏腹に生きることを懸命に望むのだと。

私は、イレーネに自分を重ねていた。

イレーネが取り残されることは、私が取り残されることだった。

だから我が家で助けたかった。

鈴、チリン、チリン

保護団体の女性が、イレーネを連れてきたのは、まだ夏の暑さが残る九月の中ごろだった。

車の助手席から引き出されたイレーネは、キャリーの奥に身を隠し、わずかに震えているように見えた。

飼い主さんが亡くなって、バタバタと業者が来て、病院に入れられて……こわいことだらけだったのだろう。

保護部屋にキャリーを入れ、そうっと扉を開く。永遠にも感じる数分の後、イレーネは、キャリーから身を低くしてゆっくり出てきた。鼻をひくひくとさせながら、ふんふん、と、床のにおいをかいでいく。知らないにおいに、耳が後ろ向きになる。キャットタワーをみつけて、やっぱりにおいをかいでみる。爪とぎにたどり着き、遠慮がちに爪をひっかけた。

よく見ると、しっぽがまるでウサギのように短い。聞くと、おしっこを出すときにじゃまになるため、切除されたらしい。新しいものと出会うたび、そのしっぽが控えめにぴょこぴょこと動いた。

歩くと、前の飼い主さんがつけてくれた、赤い首輪の鈴が鳴った。

しばらく保護部屋を探索させてから、「さあ、いよいよ」と、保護団体の女性に圧迫排尿のやり方を教わることになった。

イレーネを仰向けに抱き、その下にペットシーツを敷く。

どこかで期待していた。私がすぐに膀胱の位置を掴み、スムーズにおしっこを出せることを。だけど、それはとんだ思い違いだった。

お腹に触れるけれど、どこが膀胱かまったくわからない。

「このへんの水風船のようになってるところを、掴むんよ」

そう言われても、柔らかな毛の下、どこを触ってもそんなものはないように思える。別の臓器を間違って押してしまったらと思うと、怖くて、握ることもできない。

それから何度試してみても、彼女のように、上手におしっこを出してあげることができなかった。

その日は、汗を流しながら何度もトライし、結局、「無理な時は病院に頼む」ということで、時間のない保護団体の女性には帰ってもらった。

望まずとも手伝わされた夫は、疲れ切ったような視線を投げる。

私は自分の見通しの甘さに、心底、落ち込んだ。


イレーネは、自分のにおいのない保護部屋は落ち着かなかったのだろう。

保護団体の女性が帰ったと同時に、開け放した保護部屋を出て階段を上がり、安心できる場所を探しはじめた。チリンチリンと鈴の音が頭上で行き来する。

すべての部屋を見て回り、あちこちで「シャーッ」と先住猫に怒られながら、カーテンで覆われた廊下の窓辺に隠れることにしたようだ。心を落ち着けるように、カーテン越しに毛づくろいをしているのだろう。膨らみが揺れる。

「何を考えてるんだろうね……」

イレーネを怯えさせないよう距離を取って、隣にいる夫に、聞くでもなくつぶやく。

知らない場所。

知らない人。

飼い主であった大好きなお母さんは、姿が見えない。

「どうして？」

「何が起こっているの？」

あの時のまめのようには騒がないだけで、イレーネだって、そう思っているのかもしれない。

それに、まめは、ひもでつながれ外に出されるような扱いだったけれど、イレーネは、きっとめいっぱい愛されていたはずだ。突然、その人がいなくなって戸惑わないわけがなかった。

窓から見える、知らない景色に何を感じているのだろう。

目を閉じ、眠って、目が覚めたとき、お母さんがいてくれたら――。

「全部、夢だったんだよ」と、かつての日常が戻ってきてくれたら――。

そんなふうに願ってやしないだろうか。

想像して、胸が詰まった。

あるはずのない臓器

次の日の朝も、イレーネの圧迫排尿はできなかった。

しかたなく、自分たちでできるようになるまでは、動物病院でレクチャーを受けながら、やってもらおうということになった。負い目を抱えながら、夫に病院まで送ってもらう。

ところが、そこで想像もしなかったことが判明した。

イレーネの体は、重い細菌感染と、ひどい膀胱炎を起こしていたのだ。

そのうえ、エコーで膀胱の中を見ると、二センチほどはある大きな結石がみつかった。

それだけじゃなかった。膀胱には穴が開いていて、そこから隣に、あるはずのない臓器のような空洞が映っていた。

おそらく、前の飼い主さんが、圧迫排尿ではなく、カテーテルを入れておしっこを出していたことが原因で、膀胱を突き破り、できてしまった空洞ではないかと先生はいう。

「これは、膀胱の一部を切除する手術の必要がありますね……」

先生も、表情をこわばらせる。

膀胱を切除……聞いているだけで、内臓がうずくのを感じた。

だけど、このままにしておいたら、最悪の場合、命を落とす危険性があるという。血の気が引いていく。

そんなことは絶対だめだ――。私は爪が食い込むほどこぶしを握った。

飼い主さんを亡くし、このうえ、自分の命まで失わざるを得ないなんて、何が何でもあってはならない。たとえ飼い主さんを求めていても、絶対に。

「手術をお願いします」

迷わずに言った。イレーネは診察台の上で、何が起こっているのかわからず、きょとんとしている。

帰りの車の中、私はイレーネの入ったキャリーを抱きしめるように持ち、うつむいていた。

イレーネがかわいそうで、そして、今以上に夫に負担をかけてしまうことに合わせる顔もなくて、今にも涙がこぼれ落ちそうになる。

すると、ふいに運転席の夫がつぶやいた。

「空がきれいだよ。見て」

普段は、そんなことを言わない夫の言葉に顔をあげると、フロントガラスから国道の一本道に見える空に、雲から光のカーテンがまっすぐおりていた。

「……本当。きれい……」

そんなことを感じられる自分に驚く。

自然の持つ力には、私たちの悲しみも、不安も、太刀打ちできない。

夫が、私の右手を握った。あんなにイレーネが来ることを反対していた夫が。強く、大丈夫だというようにその左手に力をこめる。

そうだ――と思う。

今、イレーネは生きている。

私を包んでくれる力たちのおかげで、一番大切なことを思い出す。

こんなに簡単に、自分の不安に飲み込まれてどうする。私たちは、イレーネをしあわせにするために、迎え入れたのだ。

私も夫の手をぎゅっと握り返した。

「おかえり」

手術の日、しずかに小雨が降っていた。私たちは、何度も何度もイレーネの額をいつものように鼻でなで、キャリーを看護師さんに渡す。

「おうちで待ってるからね。大丈夫だからね」

繰り返す。

人慣れしているイレーネは、看護師さんに抱かれてもぽかんとしていて、私の方が今にも崩れ落ちそうなくらい、不安で心臓が脈打っていた。

この病院にたどり着くまで、いろいろなことがあった。最初の病院では手術が難しいと言われ、新しい病院を紹介された。だけど、そこは家からかなり離れていて、何かあったとき、すぐに駆け付けられる距離じゃなかった。最後にたどり着いたのが、今日、来ている、近所でも名医と評判の動物病院だった。

手術に踏み切るまで、何度も相談に訪れた。その最中、小さな虫が診察室に入ってきたことがあった。先生が、ティッシュで掴む。捨てるのかと思ったら、彼は、席を立った。

「ちょっと、この虫、逃がしてきますね」

それが、この病院で手術をしようと思えた一番の理由だった気がする。

「絶対、大丈夫」

もう一度、おまじないのように唱え、乱れていた呼吸を整える。

私は、こころの病から、いつも最悪のことを想像してしまうくせがあった。

最初の病院の先生ができないほど難しい手術。

断ってしまった二軒目の病院の先生なら、簡単にやってのけたのだろうか。

病院を変えたことは失敗だったのだろうか。

もしも、イレーネが手術で死んだら――。

もうだめだった。考え出すと、心臓がわしづかみにされたように軋み、真っ暗闇に落とし込まれる。死んでしまった時の情景がありありと浮かび、それが現実のように思えてしまう。

手術が終わるまで、ずっと病院の前にしゃがみこんでいたいほどだった。

夫に手を引かれ、なんとか無理やり家に帰り、食事もとらずに夫と二人、無心で保護部屋の掃除をした。帰ってきたイレーネに、少しでも快適に過ごしてもらいたかった。

夫も同じ気持ちだったのだろう。むしろ、私以上に丁寧に、部屋を磨き上げた。

午後になって、夫のスマートフォンが震えた。一瞬、空気が凍る。

夫は通話ボタンを押し、「はい……、はい……」と神妙な声でうなずいている。

息が止まりそうだった。

だけど、電話を切った夫は、穏やかに微笑んだ。

「手術、成功したってさ」

その場にへたりこむ。

生きていける。

これから、ずっと一緒に。

ずっと切れていた電源がつながったように、やっと、お腹がグウと鳴った。

病院から戻ったのは、日も沈んだ頃のことだった。

術後服を着せられ、落ち着かない様子のイレーネを夫が抱いて、保護部屋に連れてくる。

「おかえり」

まだ我が家に来て、そう日も長くないイレーネに、だけど私は、祈るように、そう声をかけた。

すると、イレーネは、首をうんと伸ばして部屋中を見渡すと、夫の腕からすたっと飛び下りた。そして、まるでずっと以前から我が家で過ごしていたかのように、懐かしいにおいを嗅ぐみたいに鼻をひくひくさせ、安堵の表情を浮かべた。しばらくすると、病院のにおいがついた体をきれいにしたいのか、お気に入りのクッションに移動し、熱心に毛づくろいをはじめた。

「がんばったね。イレーネ」

夫がいつものように優しく頭をなでると、グルグルと喉を鳴らし、たまらなく気持ちよさそうに目を閉じる。そして、「もっともっと」と、頭を突き出し、ごちんごちんと手の平にぶつかってくる。

私たちが病院に連れて行ったのに。

手術という怖いことをさせてしまったのに。

イレーネは、変わらず、私たちに心を開いてくれた。

最初は控えめだった喉の音が、しだいに大きく、部屋に響く。顔を傾けて喉を差し出しては、こっちもなでろとせがむ。なでてあげると、しっぽがぴょこぴょこ動き出す。

手術という嫌な時間が一瞬で消え失せ、まるでそんなことははじめからなかったかのように。

とはいえ、手術で問題がすべて解決されたわけではない。

膀胱麻痺の猫は、圧迫排尿かカテーテルでおしっこを出すことが一般的だ。だけど、イレーネの場合、そのどちらも、やめておいた方がよいだろうと先生は言った。

膀胱を切除したため、圧迫排尿は傷に負担がかかる。カテーテルは、また以前のように穴を開けてしまうかもしれない。どちらも、避けたかった。

そこで、その日から、自然排尿ができるようにトレーニングしていくことにした。トレーニングといっても、何か特別なリハビリがあるわけではない。圧迫排尿もカテーテルもしない状態で、おしっこを出せるように見守るという姿勢だ。

最初は、どうなることかと思った。保護団体の女性からは、「自分ではおしっこができない猫」だと聞いていたから。

「万が一、おしっこがたまってしまって、体調を崩したらどうしよう」

「また、結石ができたらどうしよう」

「もしも、傷が開いたら……」

またもや不安が濁流のように押し寄せてくる。数えきれない「もしも」を探し出しては、私は毎日恐怖と闘った。

だけど、イレーネは、驚くべきことに、自分でおしっこをすることができた。

といっても、ちゃんとトイレだけでことを足せるのは、めったにない。

時々、自分からトイレに行き、チョロ……チョロ……申し訳程度の量を出す。

つまりそれは、膀胱が麻痺しているとはいえ、尿意はちゃんとあるということだ。

これは、嬉しい発見だった。

あとは、寝ているときや、なでられているとき、気持ちがいいと、ところかまわず大量におもらしをした。

これには、正直頭を抱えた。部屋中に洗えるペットシーツを敷き、大切なものは、床に置かないように工夫した。たまに忘れて、服を脱ぎ散らかしていると、あっというまにかぐわしいにおいが付いている。

だけど、当のイレーネは、気分がよさそうだ。

やっぱり、不自然な排尿よりも、何もされず、自由でいるのがよかったのかもしれない。

ふつうではない、あるがまま

ところが困ったことが、もうひとつあった。

術後、安静にしていられるようにと隔離していた保護部屋に慣れてしまったイレーネが、他の部屋に出ることをためらうようになったのだ。

同時に、先住猫たちも、突然現れたイレーネに慣れることがなかなかできなかった。というよりも、圧迫排尿や手術で、私たちがイレーネにかかりきりになってしまったことで、愛情をひとりじめされているようで、気に入らなかったのかもしれない。

一匹の気の強い先住猫は、イレーネの姿を見るたび、追いかけるようになってしまった。イレーネは、おしっこをまき散らしながら、保護部屋に逃げ込み、隠れる。

ますます、保護部屋が、イレーネの安全基地になってしまった。

そこで、イレーネは、基本的に保護部屋の住人となり、気が向いた時だけ、勝手に扉を開けて、他の部屋を闊歩するようになった。

イレーネは、我が家で唯一扉を開けることのできる、頭のいい子だった。入った後、閉めてくれると、もっと助かるのだけど。

とはいえ、いつもひとりはかわいそうだと、私たち夫婦は交代交代でイレーネの部屋で過ごした。

あんなにもイレーネを引き取ることに難色を示していた夫だったのに、私以上にイレーネに寄り添い、夜寝るときも、寝室ではなくイレーネの部屋にマットレスを敷いて眠った。

イレーネは、寝転がる夫の脇に顔をうずめて、子猫が親猫のおっぱいを探すように、ふみふみと、脇をもむ。そのせいで、夫の脇には、愛された証の小さな爪痕がいっぱいついた。

グル……グル……と、心地よさそうに喉を鳴らす音が聞こえ、そのまま、とろとろとまどろみはじめる。グルグルは次第に大きくなり、やがて、極限までリラックスすると、お腹を見せて、ころんと転がる。

「イレーネの、〝世界で一番かわいいポーズ〟だ！」

どんなケンカをしていても、イレーネのそれを見たら、私たちは微笑まずにはいられなかった。

そして、もうひとつ。来たばかりの頃は気づかなかったけど、イレーネは相当な女王様気質の猫だった。

保護部屋に誰もいないと、「アァーン、アァーン」と何事か起こったような声で鳴く。慌てて駆けつけてみると、何もなく、ただ「ここにいろ」というだけのようだった。

どうしても体におしっこがついてしまうから、においが残らないように、温めたタオルで全身をふくと、目を閉じ、「はあ〜、そこそこ」といった恍惚とした表情になる。

見えないところでタオルを温めるのは私。イレーネを心地よく拭くのは夫。すると、下僕、執事、と、いやおうなしに格差が出てくる。

さらに、夜一緒に眠るのが夫であるせいか、イレーネは私には少し冷たい。夫にあまえている最中に私が来ると、ふいっとそっぽを向き、わざと夫の膝に乗る。それはまるで「恋人を渡すものか」と言っているふうにも見える。

大好きな飼い主を亡くしたイレーネ。

その人には、かなわないかもしれないけれど、この家で、イレーネに安心できる好きな人ができた。それが嬉しい。

ちょびっと悔しくもあるけれど。


今、イレーネは、自由に、自然体で暮らしている。

おしっこは、もらしてしまうし、うんちは、腸も麻痺しているようで、そこら中に転がっている。

けっして「ふつう」の状態とは言えないだろう。

私も最初の頃は悩んだ。どうすれば、ふつうの猫と同じように、トイレで、しっかり用を足せるようになるのかと。きれい好きなイレーネ。きっと、その方が、自身も嬉しいだろう。

だけど、そんな折、夫がインターネットであるご夫婦と知り合った。重度の障がいを抱える息子さんと暮らしているという。

息子さんは、もう五歳。ところが、二歳くらいの知能しかなく、特に困っているのは、トイレのことだそうだ。トイレの意味がわからず、自分ではできない。おむつもしているけれど、脱いでしまい、粗相もある。

それでも、ご両親は、けっしてらくではない息子さんとの生活を愛している。

私は、ただ表面だけを受け取って、そのお父さんに言ったことがある。

「それだけ愛されて、息子さんはしあわせですね」

それに対し、お父さんは答えた。「しあわせかどうかは、本人にしかわからない」――と。

たしかに、そうだ。

イレーネも、事故で命を失わず、しあわせだったかもしれない。

だけど、膀胱麻痺という障がいを抱え、ふしあわせかもしれない。

おしっこをトイレでできず、もらしてしまうことだって、しあわせなのか、ふしあわせなのか、なんでもないことなのか――。

それは、イレーネにしかわからないことだ。

膀胱麻痺を患うイレーネも、こころの病を患う私も、けっして「ふつう」ではない。

それでも、自分のそれを認め、カミングアウトして、私はずいぶん、生きやすくなった。かつて「ふつうになるように、病気を治さなきゃ」と無理をしていたときが一番つらかった。ストレスになり、悪化した。

イレーネがおしっこをもらしたり、私が時にひどく落ち込んだり……。

そんな、自分たちの「ふつうではないあるがまま」も受け入れること、「ふつうではないあるがまま」を愛すること。

そうした私たちの日々は、ふつうだと言われる人たちよりも、もしかしたら、ほんの少し、しんどくて、でも味わい深いものなのかもしれない。

今日も、布団ほどあるペットシーツを何度も洗濯し、こぼれたおしっこを拭いて回る。うんちを出すために、一日二回、薬を飲ませる。

一般的には手のかかると思われるだろうイレーネを、その分よけいに「愛おしい」と感じる。

ふつうじゃないイレーネを愛することで、ふつうじゃない自分も、愛されていいのだと――劣等感だらけだった私は、今、少しずつ、自分を好きになりかけている。

第四章　涙がかけた虹

誰にもしていない話

これまで何冊か猫のエッセーを出してきた私が、実は、今までずっと書いてこなかった猫の話がある。

二〇年近く前。もう記憶はあいまいで、細かなできごとは覚えていないのだけど、その後の私の人生を変えた出会いがあった。

全と一、まめ、イレーネ――と、ここまで書いてきたように、私が、なぜ、こんなにも、縁のあった猫を助けたいと思うのか――その答えは、その猫にある。

自分でも不思議なくらい、命に手を差し伸べてしまうさがは、その子が、遺してくれたのじゃないかと思っている。

出会いは、汗がじっとりとにじむ夏の繁華街の路上だった。アスファルトから湯気が立つ車の行きかう細い道路の真ん中を、まだ生まれて二か月にもなっていないだろう子猫が、ふらふらと歩いていた。

遠目には、黒色にも茶色にも見える汚れた毛色。体は骨と皮しかなく、一歩足を踏み出すたびに、ふらりと、倒れかける。

車や人は、なんとか避けて通ろうとするのだけど、轢かれるのは時間の問題に思えた。

最初、どうしていいかわからなかった。

通り過ぎようか。

皆と同じように、何も見てないふりをして。

だけど、足を進めて、どうしても躊躇する。

こんな炎天下で暑いんじゃないか。
お腹が減っているんじゃないか。
迷子になって、心細いんじゃないか――。
なぜか、放っておくことはできなかった。
そして、決めた。
とりあえず家に連れて帰ればいい。
そのあとのことは、その時、考えよう。
どういう気の迷いか、「生かさなければ」と思った。
こんなに小さいのに、いいこともないまま死んでしまうのは悲しすぎる。

当時同棲中だった夫とともに、翌日、子猫を動物病院に連れて行った。まだ、今のかかりつけの先生とは出会っていなかったころ。近くにある老齢の獣医師が営む病院だった。
ガシガシに固まった毛に、ノミ駆除剤をつけると、獣医師は、たいしたことでもないように言った。

「風邪でしょう。とにかく猫用のミルクを飲ませて元気をつけてください」

私はほっとして、言われたとおり、家に帰り、猫用のミルクをこしらえた。お湯の入った哺乳瓶を頬にあて温度をはかる。熱すぎてもやけどをするし、冷たすぎるとお腹を壊すという。

私は、小さな子猫を傷つけないように、そうっと抱いて、哺乳瓶を口元に寄せた。だけど、飲む様子がない。哺乳瓶の前で、口をぐっとつぐんだまま、固まっている。

哺乳瓶で飲む方法を知らないのかと思い、今度は、獣医師から聞いていたように、シリンジにミルクを入れ、子猫の犬歯の隙間から、ゆっくりとシリンジを押しながらミルクを流し込んだ。だけど、子猫は細い首を左右に振って、必死でこばんだ。目には覇気がないのに、どこからこんな力が出るのかと驚いた。口の周りに、白いものがへばりつく。

それでも、飲ませなければ元気が出ない。私は、額に汗をかきながら、必死に、何度にもわたって規定量のミルクを飲ませた。

それが「よいこと」だと信じて疑わなかった。


ところが、子猫は、二日経っても回復する気配はなかった。むしろ、元気はどんどんなくなっていく。

歩いていたのが、動かなくなり、部屋の隅でじっとうずくまるようになった。

動物病院に連れて行っても、とにかくミルクを飲ませるように言われるだけ。

不安に思った私は、三日目、母の知り合いが勧める別の動物病院にセカンドオピニオンに行くことを決めた。

昔ながらの建物に、犬と猫のロゴマークの入ったその病院は、待合室が患者さんで埋まっていた。

きっと、それだけ名医なんだろう――。

私は安心して、自分の名前が呼ばれるのを待った。

順番が来て、子猫を連れ、中に入る。子猫はいろいろな検査をされ、終わるまで、私は待合室で待たされた。その間も、回転ずしのように次々と新しい患者が来ては、帰って行く。ほんの少し、言葉にできない違和感を覚えた。

もう一度、名前を呼ばれ、中に入る。すると、難しい表情をした年配の獣医師が告げた。

「この子猫は、腸重積にかかってます。手術をしなければ、今日明日に死んでしまいますよ」

彼は、ごま塩頭をさすりながら、検査に疲れぐったりとした様子の子猫を指さす。

腸重積が何かわからなかった私は、詳しく聞いた。腸が重なり合って癒着してしまった状態で、だから、ミルクを与えても、そこに詰まって、うんちを出すことができないのだそうだ。

つまり、私が今までやってきたことは、この子に苦痛を与えるだけで、治すどころか、きっと、痛くて、苦しくて、しかたなかっただろう。

どうして、そんなことをしてしまったんだ——。

悔やんでも悔やみきれなかった。

その場で泣き出しそうなところを、必死で奥歯をかみしめた。

「手術をしますか？　とはいえ、こんなに小さいと、治るかどうかわかりませんが」

投げやりにも聞こえる言い方で獣医師は言った。

「手術、してください。治してあげてください」

私は、すがりつくように言った。このまま死ぬなんて、やりきれない。治って、ミルクをおいしいと思えて、遊んで、一緒に眠って――。

この子は、まだしあわせにならなければならないはずだ。

そして、そうすることでしか、私は自分がしたことの罪滅ぼしができない気がした。

翌日手術を行うと言う獣医師に子猫を預け、病院を出た。真夏の太陽の下、「イキロ」「イキロ」というように、セミが大声で鳴いている。

バス停までの坂道を汗をにじませながら、夫と、付き添ってくれた母と歩いた。

明日には胸をなでおろして、同じ道を通れることを信じて。

「名前は、クウにする」

たどり着いたバス停の木陰で汗を拭きながら、私は言った。

今、全然食べられない子猫に。

病気が治って、いっぱい食べられるようになるように、「食う」にしよう、と。

最後の子守唄

眠れないまま朝が来た。

手術は昼に行うと聞いていた。胸が張り裂けそうな思いで、その時を待っていると、電話が鳴った。受話器を間違って落としそうなほど慌てて取る。動物病院からだった。

開口一番、獣医師は言った。

「あのねえ、手術は無理ですわ」

わけがわからず、問い返す。聞くと、その後も様々な検査をしたところ、おそらく手術をしても助かる見込みは薄く、何より、手術に耐えられるだけの体力がないだろうという。

「どうしてですか？　昨日は手術できるって言ってたのに！」

私が言うと、獣医は気分を害したように答える。

「輸血までしたんですよ。こんなこと、普通しないのに」

私も、責めるような口調になってしまったのかもしれない。恩着せがましい言い方で、獣医師が私の口をふさぐ。

「とにかく、連れに来てください。もう何もできないから」

私は、怒りと悲しみではらわたが煮えくり返りそうになりながら、動物病院に向かった。この時は、何が起こっているのか、まだわけが分かっていなかった。

病院に着くと、入院室に通された。ひんやりとした部屋の隅、ステンレス製のケージの中で、小さな小さな子猫は、ぐったりと横たわっていた。タオルすら敷かれていない。冷たいそこで、クウは、口元から、わずかに血のようなものを流していた。

「クウ……！」

そこではじめて、クウの置かれている状態を理解した。おそらく、どれだけ獣医師に怒っても、なじっても、クウはもう助かることはないだろうということ。きっと、あと少しで、その命を失うのだということ。涙が、次から次へとこぼれ落ち、タイル張りの床を濡らした。周りでは看護師たちがせわしなく行きかい、クウのことは、もう「終わったこと」のように扱われて見えた。

私は、泣きながら、クウを抱えた。紙のように軽かった。夫が、私の肩をさする。同行してくれた母が治療費を支払っていると、看護師さんが型通りの声で「お大事に」と言った。

お大事に――？

もう手の施しようがないと言われた猫に、「お大事に」？

心の中では、食って掛かりそうになっているのに、私は、しずかに頭を下げた。

「ありがとうございました」


家に帰り、クウを、ベッドに寝かせた。

その隣に私も横たわり、涙を落としながら、子守唄をうたった。

悲しくて、申し訳なくて、しかたなかった。

何もできなかっただけなら、まだいい。

私は、嫌なことをいっぱいしてしまった。

クウを苦しめたのは、他の誰でもない、私だ。

こんなことなら、あのまま、あの繁華街でいた方が、辛い思いをせずしあわせだったんじゃないか。

痛いお腹にミルクなんて飲ませるんじゃなかった。

病院で、怖い思いなんてさせるんじゃなかった。

苦しい検査を繰り返すんじゃなかった。

あんな冷たい場所に――置き去りにしてしまった。

嗚咽がもれる。

それでも、私は少しでもその声が優しくなるように、子守唄をうたった。


どれくらい時間が経っただろう。

クウは、「ヒイ」と声をあげると、たくさんの血を吐き、そのまま息を引き取った。ベッドには血がしみ込み、クウが生きていた証が遺された。

「ごめんね。ごめんね、クウ……」

どれだけ謝っても足りなかった。

頭がおかしくなったように、私は、もう動かないクウに繰り返した。ごめんね。ごめんね。ごめんね。ごめんね――。

悪いことばかり浮かんでしまう。

私が、クウなんて名前を付けたから、「空（クウ）」に上ってしまったんじゃないか――。

私は、それから何時間も、クウの亡骸をなで続けた。

命は消えない

翌日、クウは動物霊園で火葬をしてもらった。

クウを連れていくと、それを見た霊園の人は、眉尻を下げて言った。

「こんなに小さいのに、お金なんて取れないよ。無料でいいからね」

優しさに、よけい涙がこぼれた。

クウは、あっというまに折れそうな骨になって帰ってきた。

お箸で、一本一本拾った。

見たこともないくらい、細い骨だった。

私は、その骨を、家に帰って残さず食べた。口の中に入れると、骨は力を入れなくても簡単にぽきりと砕け、私の喉を通った。灰が混ざった粉の骨まで、私は指の腹につけ、胃の中に流し込んだ。

骨を全部食べきっても、胸苦しさは感じなかった。

私の一部になったクウが、これから、いろんなものを食べていければいい。

生きられなかったクウの分も、私は生きる。

生きられなかったクウの分も、命を生かす。

そう噛み締めた。


全や一、イレーネにまめ……。きっと、私が、この子たちを助けたいと思ってしまうのは、クウと出会い、なんにもできないまま、さよならしてしまったからだ。

あのやりきれない体験が、今の私を突き動かしている。

クウの体は消えても、命は、たしかに繋がっていると、私はクウに届けたいのだ。

今回の本で、「私たちにできること」を書いたのも、あの時、何も知らなかった私に、こんなふうに教えてくれる何かがあればよかったと思うからなのだと感じる。

あの時は、はじめてで、何も知らなくて、今でも、ああすればよかった、こんなことしなければよかったと悔やむ。

だから、少しでも、この本で、伝えられたらと願う。

クウの写真は、一枚しかない。保護した時、友人が「写真を見せてよ」と言ってくれたおかげで、当時は画質も荒かった携帯電話で一枚だけ撮った。

ぼんやりとした写真の中のまぼろしのようなクウ。ほとんど足あとを残すこともなく旅立つしかなかった命が写っている。

でも、クウ。

私は、自分のおろかさも含めて、あなたのことを忘れない。

そして、とりかえしのつかない「ごめんなさい」の分、誰かを助ける。

私が、クウをまぼろしにはしない。
思うのだ。どれだけ短い命でも、何もできなかった命なんて、きっとない。
ほんの一瞬でも生きた限り、誰かに何かを残している。
この世には、「クウが生かした命」がいくつもある。
クウは、今、そんな存在を空から眺めながら、ちょっとお散歩にでかけていて、
私や、この本の中の猫や、これから私が出会う猫たちの中で——遊んでいる。

猫のために、私たちにできること

❤野良の子猫をみかけたら、どうすればいい？❤

最近でこそ、地域猫と呼ばれる避妊去勢手術をした外猫は増えましたが、していない猫は、まだたくさんいます。

そんな子たちは、年に二度ほど子猫を生みます。

子猫は親猫と一緒にいられればいいのですが、迷子になってしまう子もでてきてしまいます。そして、食べるものもなく、衰弱し、猫風邪をひいて死に至ってしまう子もいます。

もし、近くにそんな子をみかけたら、まず親猫がいないことを確認し、いなければ、保護を試みましょう。

お腹を空かしている場合が多いので、猫用の缶詰などを用意します。この時、人間の飲む牛乳はお腹を下してしまうので、けっしてあげないようにしましょう。

子猫がいる場所にフードを置き、様子を見ます。食べてくれていたら、手でつかめそうなら、抱き上げます。それが無理そうであれば、上からさっと毛布などをかけて、逃げられなくなった猫を包みこんで保護するといいでしょう。

❤子猫を保護したら、どうしたらいい？❤

外にいる子猫は、たいていの場合、ノミやダニを持っています。これが、人間や先住猫にうつると大変です。

またお腹に寄生虫がいることも珍しくありません。

そのため、保護をしたら、家に帰る前に、まずは動物病院に連れていきましょう。

そこで、ノミの駆除剤を投与してもらい、体温や、耳や、目、うんちをはじめとする、全身の健康診断をします。

中には人間にうつる病気もあるので、獣医さんにしっかりと診察してもらうことが大切です。

特に、風邪をひいていたり、水分不足になっている子には、点滴をするなど、処置をしてもらいましょう。病気がわかれば、先住猫にうつさない方法も考えることができます。

大体の年齢もわかることで、食べさせるフードが決められるので、これも大切です。

また、十分な体重、年齢になっている子であれば、猫エイズと猫白血病の検査や、ワクチンを打つことも忘れないでください。

❤家に連れて帰ったら？❤

子猫を家に連れて帰っても、すぐには、部屋に出さないようにしましょう。

慣れていない場所では怖がって、テレビ台の下や、洗濯機の下など、「え、そんな場所に？」というような狭い位置に隠れてしまい、出てこれなくなる危険性があるからです。

また、先住猫がいる場合は、なおさら、突然その子のテリトリーを侵すことは避けましょう。

部屋の隅にケージ、もしくは、大きなダンボール箱を置き、その中で、一定期間生活してもらいます。中には、猫用トイレ、フード、水、爪とぎを置いておきましょう。なお、寒い時は暖を取れるよう、フリースなどで眠るスペースを作ったり、猫用あんかを入れておくことも大切です。

新しい環境に怖がるようであれば、三方を毛布などで囲み、なるべく外が見えないようにします。あまりちらちらと見すぎないように、子猫が新しい環境に慣れるのを待ちましょう。

❤先住猫とは、どう相対させればいい？❤

まず一番大切なのは、ここが、先住猫の大切ななわばりだということです。場所だけでなく、飼い主も、先住猫にとっては、自分のものです。そのため、子猫にばかり世話を焼いたり、突然、会わせたりすることは避けましょう。

先住猫第一。子猫はケージに入れておき、先住猫を思う存分かわいがってあげましょう。

双方を会わせる時も、まずは、子猫はケージに入れたまま、先住猫に確認させせます。怒ったり、嫌がったりするようであれば、無理に近寄らせず、またの機会を待ちましょう。

また、お互いのにおいのついたタオルなどを交換し、においで対面させるという方法もあります。

先住猫が、少しずつ子猫の存在を受け入れはじめたら、先住猫の側に立って、子猫を外に出します。大切なのは、とにかく自分は、先住猫のものだとわかってもらうことです。

先住猫が、子猫に近づいたら、いっぱい褒めてあげましょう。

❤猫って、どんな人が好き？❤

実は、猫は、人間の好き嫌いが結構はげしくあります。新しい家に猫が来た時、猫に好かれる人がいると、猫もとても安心します。

そのためには、猫が苦手とすることを覚えておき、それをしないようにしていくといいでしょう。

【苦手なこと】

○大きな音や声を出されること
○急に激しく動くこと
○しつこく触ること
○目線を合わせて離さないこと

私たちは、かわいらしくて何気なくしてしまいがちですが、猫には怖い行動に映ってしまいます。

そのため、なるべく静かに動き、突拍子のない行動は避けること。大きな声や物音を立てないこと。猫のペースに合わせて、無理に抱いたりしないようにしましょう。

打ち解けてきたら、猫も、だんだん多少のことでは怖がらなくなってきます。それまでの辛抱と、穏やかな生活を心がけるといいかと思います。

❤猫の異常を早期発見するには？❤

猫は言葉を話せません。体調を崩していたり、ストレスを抱えていても、むしろそれを隠し、なんでもないふりをします。弱みを見せると、敵に狙われやすくなるという本能からです。するとと、気づいたときには手遅れになってしまっている場合があるので、飼い主が、こまめにチェックし、猫の異常を発見しましょう。

いつもと少しでも違うところがあれば、通院が必要です。毎日、なでたり、ブラッシングをすることでも、変化に気づくことができます。

たとえば被毛。健康な猫は毛艶がよいものです。ハゲていたり、フケがでていたりすると、栄養不足や、ノミなどの危険性があります。

また、目や、耳、口もチェックが必要です。ひどい目やにや涙があるときは、病気の可能性があります。耳も茶色いアカがたまっていると、ダニや感染症の疑いがあります。口も、口臭が激しかったり、よだれが出ていたりした場合は、病院で診てもらった方がよいでしょう。

動物病院はお金がかかりますが、定期的に検査をしておくと、知らないうちにかかっていた重い病気を早期発見することができます。そうすることで、手遅れになってかかる高額な医療費も、抑えることができ、長く猫と一緒に暮らすことができます。

❤かかりつけの病院をみつける❤

猫と暮らすうえで、どれだけ気を付けていても、病院に行かなければならない時は訪れます。

その時、焦って探さないですむよう、早い段階で、かかりつけ医をみつけておくとよいでしょう。

動物病院は、基本自由診療です。価格は、病院によって全く違います。安いところが心配、高いところが安心というわけではなく、本当に猫をまかせていいか、まずは、爪切りや健康診断など軽い症状の時に、探ってみましょう。

気にかけるのは、次のような点です。

○病院内が清潔
○受付の対応が丁寧
○先生の説明が高圧的ではなく、わかりやすい
○病気以外の相談にものってくれる
○セカンドオピニオンにも嫌な顔をしない

また、ペットにも、民間のペット保険がありますので、それに入っておくのもひとつです。

近い病院は便利ですが、近いというだけで選んで後悔しないよう、いろんな病院を見てみるとよいと思います。

病院にも、得手不得手があるので、症状に合わせて、専門の病院を紹介してもらうのも必要な場合があるでしょう。

❤どうやって病院に連れていく？❤

猫はとても勘の良い生き物です。

大嫌いな病院は、飼い主が「行こう」と思っただけで気づいてしまうことも。また、キャリーなど、「病院に行くしるし」をみつけると、すぐに隠れてしまいます。

そのため、キャリーを特別なものだと認識しないように、普段から出しておくのもひとつの方法です。中でごはんを食べさせたり、おもちゃで遊ばせるなどすることで、恐怖心が消えます。

病院に連れていくときは、猫のにおいのついたフリースなどを入れておくと、猫は安心します。診察で暴れる場合も、それにくるんで診察すると、おとなしくなる可能性が高いです。

また、病院で暴れる猫は、洗濯ネットなどに入れてからキャリーに入れ、連れて行くといいでしょう。洗濯ネットに入れたまま、注射をすることもできますし、逃げようとしてもおさえやすくなります。

❤薬を上手に与えるには？❤

猫が病気をしたら、家で薬を飲まさなければならない時も出てきます。

そんな時、できるだけ猫にストレスを与えないよう、手早く終わらせてあげましょう。

薬は、大きく分けて、カプセル、錠剤、水薬、粉薬があります。猫によって苦手なものもあるため、獣医さんに相談し、できるだけ、飲みやすい薬を処方してもらうといいと思います。

錠剤やカプセルは、猫の口を大きく開けて、舌の付け根あたりに、ぽんと落とします。そのあと、口をふさぎ、猫がごくんと喉を動かしたらOK。シリンジなどで水をあげると、食道で留まって荒らすことなく、スムーズに飲み込むことができます。

水薬は、シリンジなどに入れ、口を閉じたまま、犬歯のうしろあたりの隙間に差し込んで飲ませます。粉薬も水に溶いて、同じように飲ませることができます。

まだ小さな子猫や、好き嫌いのない子なら、ウェットフードに混ぜても食べてくれる場合があるので、それもトライしてみてもいいかと思います。

❤不妊手術をする❤

猫は、四～六か月の年齢になると、不妊手術の必要が出てきます。不妊手術と聞くと、「かわいそう」と思われるかもしれませんが、これをしていないと、どんどん子どもが生まれ、飼うことが困難になります。

不幸な猫を一匹でも減らすために、不妊手術をしてあげましょう。

また、不妊手術には体におけるメリットもあります。

たとえば、メスは、乳腺腫瘍や卵巣がんを防ぐことができます。

また、発情中は、問題行動も出てきます。発情期には大きな声で鳴きご近所さんの迷惑になったり、おしっこによるスプレー行為をする子もいます。

他にも、恋の相手を探すために、脱走を図る子もいます。そこから迷子になってしまう子も少なくありませんし、ケンカで、感染症にかかる場合もあります。

そういった問題を防ぐため、適切なタイミングで手術をしましょう。

とはいえ、手術は麻酔をつかいます。「こわい」と思われる方も多いと思います。獣医さんとしっかり話し合い、その猫の性格や健康状態に合わせて、リスクを減らした手術をしてあげましょう。

❤保護団体から、猫を迎えるということ❤

猫の保護団体や個人ボランティアさんは、定期的に猫の里親になってくれる人を探しています。

ホームページに写真や性格を載せているところもありますし、実際に猫と触れ合って決められる保護猫カフェも増えてきました。

それぞれの団体では、里親になるために、いろいろな条件があります。家族の了解が必須なところ。一人暮らしや高齢者には譲渡できないところ。

ワクチンや不妊手術は、ほとんどの団体さんが必須条件にしています。猫を譲り受ける際は、契約書に署名捺印したり、一度、保護先でお見合いをしてから、自宅に届けてもらったり……と、少し手間がかかると思われるかもしれませんが、これも猫のしあわせのため。

また、場合によっては、猫にかかった医療費などを支払う必要も出てきます。「野良猫にお金を払うなんて」と思いがちですが、猫と暮らすことはお金がかかります。そのことを理解してもらえたらと思います。

そのお金は、次の猫たちの医療費に使われ、いうなれば、ボランティア資金だと思ってもらえるといいでしょう。

❤シニアでも猫と暮らすということ❤

猫との暮らしをめぐる問題のひとつに、飼い主の高齢化によって、飼育が困難になるというものがあります。

猫と暮らすには、するべきことがたくさんあります。ごはんのお世話、排せつのお世話、遊んであげること、病院に連れていくこと……。どれも気力と体力がいるため、年齢を重ねてくると、難しくなってくることは珍しくありません。

また、残念なことに、飼い主さんが、病気や寿命で亡くなってしまうことも起こりえます。

その時、その猫を代わりに飼ってくれる家族や知人がいなければ、猫は路頭に迷ってしまいます。

そのため、年齢を重ねてから猫と暮らすときには、もし自分に万が一のことがあったとき、猫をどうするか、しっかりと考えておく必要があります。保護団体さんともつながり、最悪の事態になることを、絶対に避けましょう。

❤大切な猫を看取るとき❤

命あるもの、必ず別れの時がやってきます。

病気でも、老衰でも、訪れるその時を、どのようにして迎えるか。

飼ったばかりの頃は、考えたくもないことでしょうけれど、いざというときに揺らがないですむよう、想像しておいた方がよいでしょう。

病院で、最後まで治療を施すのか。

それとも、もう危ないというとき、家に連れて帰り、家で最期の時を過ごさせるのか。

自分一人では決められない時は、獣医さんとも相談しましょう。このまま治療を続けたら持ち直す可能性があるのか、それとも、その可能性は極めて薄いのか。それによって、入院を続けるか、家に連れ帰るかを決める指針になります。

また、猫の性格（病院を嫌いじゃない、もしくは、家じゃないと嫌がる、など）も考えたうえで、一番、猫が安心して眠れる状態を作ってあげてほしいと思います。

そして、できるだけそばにいて、いつもどおりの優しい口調で語り掛けてあげましょう。取り乱すと、猫も不安になります。

最期の時が、少しでも穏やかなものになるよう、ありったけの愛情で包んであげてほしいと思います。

あとがき

思い返せば、物心ついた時から、我が家には猫がいました。

最初は、小学校に入るまだ前。家の前に捨てられていた乳飲み子をみつけ、必死で飼うことを両親に頼みました。

「この子は生きることはできないかもしれません」

そう動物病院で告げられ、母は、猫に名前をつけることはしませんでした。

だけど、母の献身的な看病で、猫はみるみる大きくなりました。私は、その子と一緒に成長したようなものでした。

夫と同棲をはじめても、やっぱり猫を拾いました。

最初のうちは特に猫が好きではなかった夫を、これまた必死で説得し、一緒に暮らせるようになりました。

私が親元を離れ、はじめて育てる猫。わからないことだらけで、猫にも苦労をかけましたが、立派に育ち、気が付けば、夫も猫にめろめろになりました。


猫は不思議です。

ただ、そこで生きているだけなのに、私たちにしあわせをくれます。

その子のために生きていこうという気持ちをくれます。


全と一をみつけてくれた劇団員の彼も言います。

「猫アレルギーの僕も、動物全般を嫌いな嫁も、今は、楽しみにセリちゃんの子猫のブログを見てるよ」

こうして、またひとり、猫好きができあがりました。


いずれ死ぬから、悲しいから飼わないでおこう。

そんな人も多いのじゃないかと思います。

だけど、いざ、家に来たら、それ以上のしあわせをくれます。

そして、その時が来たとき、どれだけ別れがつらくても、「ありがとう」の言葉が、こぼれるのではないかと思います。

嬉しい時、
悲しい時、
生きるのが少しつらい時、
そこに猫がいれば、人生は柔らかな色に包まれると、私は思うのです。

最後に、この本を愛してくださった編集の篠原さん、福島さん、大切に作ってくださり、ありがとうございました。

拙い原稿を一緒に考えてくれた、つちびと作家の母、可南、感謝しています。

そして、ともに猫たちと生きてくれている夫に、「これからもよろしく」を。

何より、手に取ってくださったあなたに、ありったけの「ありがとう」を伝えたいと思います。

咲セリ——膝の上に、大きくなった子猫を二匹乗せながら

咲セリ（さき せり）

生きづらさを抱えながら生きていたところを、不治の病を抱える猫と出会い、「命は生きているだけで愛おしい」というメッセージを受け取る。

以来、NHK福祉番組に出演したり、新聞にコラムを書いたり、全国で講演活動をしたり、生きづらさと猫の本を出版する。

主な著書に、「それでも人を信じた猫　黒猫みつきの180日」（KADOKAWA）、「死にたいままで生きています。」（ポプラ社）、精神科医・岡田尊司氏との共著「絆の病　境界性パーソナリティ障害の克服」（ポプラ社）、「優しい手としっぽ」（オークラ出版）などがある。

ブログ「ちいさなチカラ」https://sakiseri.exblog.jp/

息を吸うたび、希望を吐くように
猫がつないだ命の物語

2020年11月30日　第一刷印刷
2020年12月10日　第一刷発行

著　　者　咲セリ

発 行 者　清水一人
発 行 所　青土社
〒101-0051　東京都千代田区神田神保町1-29　市瀬ビル
［電話］03-3291-9831（編集）　03-3294-7829（営業）
［振替］00190-7-192955
印刷・製本　ディグ
装　　丁　大倉真一郎

ISBN978-4-7917-7327-5